Luis Fernando Aguas Bucheli

ChucK Programming: Domina laCreación de Música Digital conCódigo

Luis Fernando Aguas Bucheli

ChucK Programming: Domina laCreación de Música Digital conCódigo

Guía práctica para programadores ymúsicos en la generación desonido y composición algorítmica

Editorial Académica Española

Imprint

Any brand names and product names mentioned in this book are subject to trademark, brand or patent protection and are trademarks or registered trademarks of their respective holders. The use of brand names, product names, common names, trade names, product descriptions etc. even without a particular marking in this work is in no way to be construed to mean that such names may be regarded as unrestricted in respect of trademark and brand protection legislation and could thus be used by anyone.

Cover image: www.ingimage.com

Publisher:
Editorial Académica Española
is a trademark of
Dodo Books Indian Ocean Ltd. and OmniScriptum S.R.L publishing group

120 High Road, East Finchley, London, N2 9ED, United Kingdom
Str. Armeneasca 28/1, office 1, Chisinau MD-2012, Republic of Moldova, Europe
Managing Directors: Ieva Konstantinova, Victoria Ursu
info@omniscriptum.com

Printed at: see last page
ISBN: 978-620-0-03544-8

Prefacio

Este libro nace de la necesidad de compartir el conocimiento adquirido a lo largo de mi experiencia en el campo de la programación, especialmente en el fascinante mundo de la creación de sonidos y música a través de la tecnología. A lo largo de los años, he tenido la oportunidad de explorar, enseñar y aplicar diversas herramientas y lenguajes de programación, y uno de los más interesantes y revolucionarios que he encontrado es ChucK.

La programación en ChucK no solo permite crear sonidos de una manera innovadora, sino que también abre la puerta a un sinfín de posibilidades creativas para quienes desean adentrarse en el arte de la música digital. Este libro busca ser una guía accesible y completa para aquellos que deseen aprender a programar con ChucK, ya sea desde un enfoque técnico o artístico. Con cada capítulo, espero guiar al lector a través de los conceptos fundamentales, las técnicas avanzadas y las aplicaciones más emocionantes de este lenguaje.

Quiero agradecer a todas las personas que me han acompañado en este camino: mis estudiantes, colegas y especialmente mi familia, cuyo amor y apoyo me han motivado a seguir adelante. En particular, quiero reconocer el trabajo y el esfuerzo de aquellos que me han ayudado a reunir los ejercicios y material necesario para la elaboración de este libro.

Este proyecto es un testimonio de mi pasión por la programación, la música y la educación. A cada lector que se adentre en sus páginas, les deseo no solo una comprensión técnica de ChucK, sino también una experiencia creativa que los inspire a explorar nuevas formas de expresión sonora.

Espero que este libro sirva como un puente entre el arte y la tecnología, y que cada uno de ustedes encuentre en sus páginas nuevas herramientas y perspectivas para enriquecer su propio viaje en el mundo de la programación musical.

Con gratitud,

Luis Fernando Aguas Bucheli

Dedicatoria

A mi mamá,

Quiero dedicarte este trabajo con todo mi corazón. Tu amor, apoyo incondicional y sabiduría han sido mi mayor inspiración en cada paso que he dado. Gracias por tu paciencia, por creer en mí siempre y por ser la fuerza que me impulsa a seguir adelante. Este logro es tan tuyo como mío, porque sin ti, nada de esto sería posible.

Te agradezco por ser mi guía, mi ejemplo y mi refugio. Te quiero con todo mi ser.

Agradecimientos

Quiero expresar mi más sincero agradecimiento a la estudiante Ariana Ramírez, de la Carrera de Ingeniería en Sonido y Acústica de la Universidad de Las Américas (UDLA), por su invaluable apoyo en la recopilación de los ejercicios para este trabajo. Su dedicación, esfuerzo y compromiso han sido fundamentales para el éxito de este proyecto. Agradezco profundamente su disposición para colaborar y su profesionalismo, lo cual ha enriquecido enormemente este proceso. Sin su ayuda, este trabajo no habría sido posible.

Capítulo 1: Introducción a ChucK Programming

1.1 ¿Qué es ChucK?

ChucK es un lenguaje de programación diseñado específicamente para la síntesis, análisis y procesamiento en tiempo real de audio. Creado en la Universidad de Princeton por Ge Wang y Perry Cook, ChucK ofrece un enfoque único basado en la programación en tiempo real y la manipulación precisa del tiempo, lo que lo convierte en una herramienta ideal para la música generativa, el live coding y la composición algorítmica.

A diferencia de otros lenguajes de audio como SuperCollider o Pure Data, ChucK se distingue por su **sistema de tiempo explícito**, lo que permite controlar de manera precisa la sincronización de eventos musicales y sonoros.

1.2 Características Clave de ChucK

- **Tiempo como primera clase**: Los eventos y procesos se programan en relación con el tiempo, permitiendo una sincronización exacta.
- **Tipado fuerte y sintaxis sencilla**: ChucK es un lenguaje fuertemente tipado, lo que ayuda a evitar errores comunes.
- **Concurrencia determinista**: Permite la ejecución de múltiples procesos sonoros de manera precisa y sin interferencias inesperadas.
- **Live coding**: Se pueden modificar los programas en tiempo real sin detener la ejecución del código.
- **Multiplataforma**: Funciona en Windows, macOS y Linux.

1.3 Instalación de ChucK

Para comenzar a programar en ChucK, es necesario instalar el intérprete. Sigue estos pasos:

1. Descarga ChucK desde https://chuck.cs.princeton.edu/.
2. Sigue las instrucciones para tu sistema operativo.
3. Para facilitar la escritura y ejecución del código, puedes instalar **miniAudicle**, un entorno gráfico para ChucK.

Para verificar la instalación, abre una terminal o consola y escribe:

```sh
chuck --version
```

Si la instalación fue exitosa, verás la versión de ChucK instalada en tu sistema.

1.4 Estructura Básica de un Programa en ChucK

Un programa en ChucK generalmente consta de tres elementos principales:

1. **Generación de sonido**: Se utilizan unidades de síntesis llamadas *UGens* (Unit Generators).
2. **Manipulación del tiempo**: Se controla con el operador => (chuck operator).
3. **Control del flujo**: Se pueden usar estructuras como loops y condicionales.

Ejemplo básico: generar un sonido simple con un oscilador seno (SinOsc):

```
// Crear un oscilador seno
SinOsc osc => dac;

// Ajustar la frecuencia a 440 Hz (nota La4)
440 => osc.freq;

// Mantener el sonido por 2 segundos
2::second => now;
```

Explicación:

- SinOsc osc => dac; conecta un oscilador seno a la salida de audio.
- 440 => osc.freq; establece la frecuencia del oscilador en 440 Hz.
- 2::second => now; mantiene la ejecución del programa por 2 segundos antes de finalizar.

1.5 Primeros Pasos en ChucK

Después de instalar ChucK, puedes ejecutar código de dos maneras:

1. **Desde la terminal/consola**: Guardando el código en un archivo .ck y ejecutándolo con:

   ```sh
   chuck archivo.ck
   ```

2. **Usando miniAudicle**: Escribe el código en el editor y presiona "Run" para ejecutarlo.

1.6 Conclusión

ChucK es una herramienta poderosa y flexible para la programación de audio. Su enfoque en el tiempo y su capacidad de live coding lo hacen ideal para músicos, compositores y programadores interesados en la síntesis sonora. En los próximos capítulos, exploraremos la manipulación avanzada de sonido, generación de ritmos y estructuras musicales interactivas.

Capítulo 2: Fundamentos de Programación en ChucK

En este capítulo, exploraremos los conceptos fundamentales de la programación en ChucK, incluyendo variables, operadores, estructuras de control y el manejo del tiempo.

2.1 Variables y Tipos de Datos en ChucK

En ChucK, las variables se definen especificando su tipo seguido del nombre de la variable. Algunos de los tipos de datos más comunes son:

Tipo	Descripción	Ejemplo
int	Enteros	int x = 5;
float	Números de punto flotante	float y = 3.14;
dur	Duración (unidad de tiempo)	1::second => dur t;
time	Marca de tiempo	now => time t;
string	Texto o cadenas de caracteres	string s = "Hola";
UGen	Generadores de sonido (osciladores)	SinOsc osc;

Ejemplo: Declaración de variables y uso básico

```
int a = 10;     // Variable entera
float b = 5.5;   // Variable flotante
string mensaje = "Hola, ChucK!"; // Variable de texto

// Imprimir en consola
<<< mensaje >>>;
```

El operador <<< >>> se usa para imprimir en consola.

2.2 Operadores en ChucK

2.2.1 Operadores Matemáticos

Los operadores básicos son los mismos que en otros lenguajes:

```
3 + 2 => int suma;    // Suma
10 - 5 => int resta;  // Resta
4 * 2 => int multi;   // Multiplicación
10 / 3 => float divi; // División
10 % 3 => int mod;    // Módulo (residuo de división)

// Imprimir resultados
<<< suma, resta, multi, divi, mod >>>;
```

2.2.2 Operadores de Asignación

ChucK introduce el operador => (chuck operator), que permite asignar valores y conectar objetos de audio.

```
5 => int x; // Asigna 5 a x
```

2.3 Control de Flujo

2.3.1 Condicionales (if-else)

Permiten ejecutar código dependiendo de una condición.

```
int edad = 18;

if (edad >= 18) {
   <<< "Eres mayor de edad" >>>;
} else {
   <<< "Eres menor de edad" >>>;
}
```

2.3.2 Bucles (while, for)

Bucle while

```
int i = 0;
while (i < 5) {
```

```
    <<< "Iteración:", i >>>;
    i++;
}
```

Bucle for

```
for (int j = 0; j < 5; j++) {
    <<< "Valor de j:", j >>>;
}
```

2.4 Manejo del Tiempo en ChucK

El sistema de tiempo en ChucK es lo que lo hace especial. La unidad now representa el tiempo actual, y dur se usa para definir duraciones.

```
// Esperar 2 segundos antes de continuar
2::second => now;
```

Ejemplo de contar en tiempo real:

```
for (0 => int i; i < 5; i++) {
    <<< "Tiempo actual:", now >>>;
    1::second => now; // Espera 1 segundo en cada iteración
}
```

2.5 Uso de UGen para Generar Sonido

Los *Unit Generators* (UGens) son los componentes básicos para la síntesis de sonido en ChucK.

2.5.1 Osciladores

Los osciladores generan ondas de diferentes tipos:

- SinOsc (senoidal)
- SawOsc (diente de sierra)
- TriOsc (triangular)
- PulseOsc (pulso/cuadrada)

Ejemplo: Generar un tono de 440 Hz por 2 segundos

SinOsc osc => dac; // Conectar oscilador al audio

440 => osc.freq; // Frecuencia en Hz
0.5 => osc.gain; // Volumen (de 0 a 1)

2::second => now; // Mantener el sonido por 2 segundos

2.6 Ejemplo Completo: Ritmo con Tiempos Controlados

Este programa genera una secuencia de percusión usando Impulse, un UGen que genera pulsos.

```
Impulse kick => dac; // Conectar un pulso al audio
0.8 => kick.gain;   // Ajustar el volumen

while (true) {
   kick.next(1);   // Disparar el sonido
   0.5::second => now; // Esperar medio segundo
}
```

2.7 Conclusión

En este capítulo, exploramos los fundamentos de la programación en ChucK, incluyendo variables, operadores, estructuras de control y el manejo del tiempo. También vimos cómo generar sonido con UGens.

Capítulo 3: Funciones, Concurrencia y Programación en Tiempo Real en ChucK

En este capítulo, exploraremos funciones, concurrencia y técnicas avanzadas de programación en tiempo real en ChucK. Estos conceptos son esenciales para estructurar programas más complejos y eficientes en la generación y manipulación de sonido.

3.1 Funciones en ChucK

Las funciones permiten organizar el código en bloques reutilizables. En ChucK, se definen usando la palabra clave fun, seguida del tipo de retorno, el nombre de la función y los parámetros.

3.1.1 Sintaxis de una Función

```
fun int suma(int a, int b) {
    return a + b;
}

// Llamar a la función
suma(3, 4) => int resultado;
<<< "Resultado:", resultado >>>;
```

3.1.2 Funciones sin Retorno (void)

```
fun void mensaje() {
    <<< "¡Hola desde una función!" >>>;
}

mensaje(); // Llamada a la función
```

3.1.3 Funciones con Parámetros de Tiempo

```
fun void esperar(dur t) {
    <<< "Esperando..." >>>;
    t => now;
    <<< "Continuando" >>>;
}
esperar(2::second);
```

3.2 Concurrencia en ChucK

Uno de los aspectos más poderosos de ChucK es su capacidad para ejecutar múltiples procesos de manera simultánea y sincronizada. Esto se logra usando la palabra clave spork.

3.2.1 Sporking: Ejecutar Múltiples Funciones Concurrentemente

```
fun void proceso1() {
   while (true) {
      <<< "Proceso 1 ejecutándose" >>>;
      1::second => now;
   }
}

fun void proceso2() {
   while (true) {
      <<< "Proceso 2 ejecutándose" >>>;
      2::second => now;
   }
}

// Ejecutar ambas funciones al mismo tiempo
spork ~ proceso1();
spork ~ proceso2();
5::second => now; // Mantener ejecución por 5 segundos
```

Cada función se ejecuta en paralelo sin bloquear la ejecución de la otra.

3.3 Manejo de Eventos en ChucK

Los eventos permiten sincronizar procesos concurrentes. ChucK tiene el tipo Event para gestionar señales entre procesos.

3.3.1 Creación y Espera de Eventos

```
Event miEvento;

fun void proceso1() {
   <<< "Esperando evento..." >>>;
   miEvento => now; // Espera a que el evento ocurra
```

```
    <<< "Evento recibido, continuando..." >>>;
}

// Lanzar proceso1 en paralelo
spork ~ proceso1();

// Simular una acción que activa el evento después de 3 segundos
3::second => now;
miEvento.signal(); // Disparar el evento
```

3.3.2 Sincronización con Eventos

```
chuck
CopiarEditar
Event golpe;

fun void bateria() {
    while (true) {
        golpe => now; // Espera al evento
        <<< "¡Golpe de batería!" >>>;
    }
}

// Iniciar el proceso en paralelo
spork ~ bateria();

// Disparar el evento cada 1.5 segundos
while (true) {
    1.5::second => now;
    golpe.signal();
}
```

En este ejemplo, la batería solo suena cuando el evento golpe es activado.

3.4 Programación en Tiempo Real

En ChucK, el tiempo es un concepto central, y podemos usarlo para construir secuencias musicales interactivas.

3.4.1 Secuenciador Básico con Tiempos Variables

chuck
CopiarEditar

```
SinOsc osc => dac;
[440, 494, 523, 587, 659] @=> int notas[]; // Notas en Hz

while (true) {
    for (0 => int i; i < notas.cap(); i++) {
        notas[i] => osc.freq; // Cambiar frecuencia
        0.5::second => now; // Esperar medio segundo
    }
}
```

3.5 Diseño de Sistemas de Sonido con ChucK

ChucK permite diseñar sistemas modulares en los que diferentes componentes interactúan entre sí.

3.5.1 Creación de una Clase para un Instrumento

```
class Instrumento {
    SawOsc osc => dac;

    fun void tocar(float frecuencia, dur duracion) {
        frecuencia => osc.freq;
        duracion => now;
    }
}

Instrumento guitarra;
spork ~ guitarra.tocar(440, 1::second);
spork ~ guitarra.tocar(660, 1::second);
```

Este enfoque modular permite reutilizar código y estructurar programas más grandes.

3.6 Ejemplo Completo: Arpegio en Tiempo Real

chuck
CopiarEditar
```
// Clase para arpegios
class Arpegio {
   SinOsc osc => dac;

   fun void tocar(int notas[], dur intervalo) {
      while (true) {
         for (0 => int i; i < notas.cap(); i++) {
            notas[i] => osc.freq;
            intervalo => now;
         }
      }
   }
}

// Crear arpegio y tocar
Arpegio arp;
[440, 494, 523, 587] @=> int notas[]; // Notas del arpegio
spork ~ arp.tocar(notas, 0.25::second);

// Mantener ejecución
10::second => now;
```

3.7 Conclusión

En este capítulo, exploramos las funciones, la concurrencia, el manejo de eventos y
la programación en tiempo real en ChucK. Estos conceptos permiten estructurar
programas complejos y sincronizar procesos de sonido de manera eficiente.

Capítulo 4: Síntesis de Sonido y Diseño Sonoro en ChucK

En este capítulo, exploraremos las técnicas de síntesis de sonido en ChucK,
incluyendo osciladores, modulación, envolventes y filtros. Estas herramientas nos
permitirán crear sonidos complejos y expresivos.

4.1 Introducción a la Síntesis de Sonido

La síntesis de sonido consiste en la generación de ondas de audio a partir de funciones matemáticas. En ChucK, disponemos de diversos generadores de sonido (UGens o Unit Generators), como osciladores, ruidos y muestras.

4.1.1 Osciladores Básicos en ChucK

```
// Crear un oscilador de onda senoidal y conectarlo a la salida de audio
SinOsc osc => dac;

// Ajustar la frecuencia del oscilador
440 => osc.freq;

// Mantener el sonido por 2 segundos
2::second => now;
```

Los osciladores en ChucK incluyen:

- SinOsc: Onda senoidal (suave)
- SawOsc: Onda en sierra (brillante)
- TriOsc: Onda triangular (intermedia)
- PulseOsc: Onda cuadrada (electrónica)
- Noise: Ruido blanco

Ejemplo con diferentes osciladores:

```
SinOsc s => dac;
SawOsc saw => dac;
TriOsc tri => dac;
PulseOsc pulse => dac;

440 => s.freq;
440 => saw.freq;
440 => tri.freq;
440 => pulse.freq;

2::second => now;
```

4.2 Modulación de Sonido

La modulación es una técnica clave en la síntesis de sonido. Algunas formas de modulación incluyen:

- **Modulación de Frecuencia (FM)**
- **Modulación de Amplitud (AM)**
- **Modulación en Anillo (Ring Modulation)**

4.2.1 Modulación de Frecuencia (FM)

```
SinOsc mod => SinOsc car => dac;

10 => mod.freq; // Frecuencia del modulador
100 => mod.gain; // Intensidad de la modulación

// Modula la frecuencia del oscilador principal
while (true) {
    440 + (mod.last() * 50) => car.freq;
    1::samp => now;
}
```

4.3 Envolventes ADSR

Las envolventes permiten dar forma a la evolución del sonido en el tiempo. ChucK tiene un generador de envolventes Envelope que podemos usar para controlar la amplitud.

4.3.1 Uso de Envolventes para Controlar la Amplitud

```
// Crear oscilador y envolvente
SinOsc osc => Envelope env => dac;

// Configurar la frecuencia
440 => osc.freq;

// Atacar el sonido (subida rápida)
1 => env.value;
0.5::second => now;

// Decaer suavemente
0 => env.value;
```

0.5::second => now;

Este método permite hacer que los sonidos no se inicien ni terminen de forma abrupta.

4.4 Filtros y Procesamiento de Audio

Los filtros nos permiten modificar el contenido espectral de un sonido, eliminando o atenuando ciertas frecuencias.

4.4.1 Filtro Pasa-Bajos (Low Pass Filter)

```
// Conectar un oscilador a un filtro pasa-bajos y luego al DAC
SawOsc osc => LPF filtro => dac;

// Configurar frecuencia base del oscilador
440 => osc.freq;

// Configurar la frecuencia de corte del filtro
500 => filtro.freq;

// Mantener por 3 segundos
3::second => now;
```

Otros filtros útiles:

- HPF: Filtro pasa-altos
- BPF: Filtro pasa-banda
- ResonZ: Filtro resonante

Ejemplo de filtro pasa-altos:

```
chuck
CopiarEditar
SawOsc osc => HPF filtro => dac;

440 => osc.freq;
1000 => filtro.freq; // Solo deja pasar frecuencias por encima de 1000 Hz

3::second => now;
```

4.5 Generación de Ritmos y Percusión

ChucK permite generar patrones rítmicos utilizando ruido y envolventes.

4.5.1 Sonido de Bombo (Kick Drum)

```
c
CopiarEditar
fun void kick() {
    SinOsc osc => Envelope env => dac;
    60 => osc.freq;

    // Simular golpe corto
    1 => env.value;
    0.1::second => now;
    0 => env.value;
}

// Ejecutar el sonido de bombo en bucle
while (true) {
    spork ~ kick();
    0.5::second => now; // Ritmo cada 500ms
}
```

4.6 Diseño de Instrumentos en ChucK

Podemos crear clases que encapsulen la funcionalidad de un instrumento.

4.6.1 Clase de un Sintetizador

```
class Sintetizador {
    SawOsc osc => LPF filtro => Envelope env => dac;

    // Constructor
    fun void setup(float freq, float filtroCutoff) {
        freq => osc.freq;
        filtroCutoff => filtro.freq;
    }

    // Método para tocar una nota
    fun void tocar(dur duracion) {
```

```chuck
        1 => env.value;
        duracion => now;
        0 => env.value;
    }
}

// Crear instancia del sintetizador
Sintetizador lead;
lead.setup(440, 800);
spork ~ lead.tocar(1::second);
```

4.7 Ejemplo Completo: Secuenciador Melódico

```chuck
SinOsc osc => Envelope env => LPF filtro => dac;

[440, 494, 523, 587, 659] @=> int notas[]; // Notas en Hz

// Configurar el filtro
800 => filtro.freq;

// Secuencia infinita
while (true) {
    for (0 => int i; i < notas.cap(); i++) {
        notas[i] => osc.freq;

        // Activar la nota
        1 => env.value;
        0.2::second => now;

        // Apagar la nota
        0 => env.value;
        0.1::second => now;
    }
}
```

4.8 Conclusión

En este capítulo, exploramos las bases de la síntesis de sonido, desde osciladores básicos hasta técnicas avanzadas como modulación, envolventes y filtros. Además, vimos cómo diseñar ritmos y crear instrumentos en ChucK.

Capítulo 5: Composición Algorítmica y Generación de Música en Tiempo Real con ChucK

En este capítulo, exploraremos técnicas de generación musical algorítmica en ChucK, aprovechando estructuras de control, aleatoriedad y programación en tiempo real para crear composiciones dinámicas e interactivas.

5.1 Introducción a la Composición Algorítmica

La composición algorítmica consiste en la creación de música mediante reglas y algoritmos, en lugar de escribir cada nota manualmente. Algunas técnicas incluyen:

- **Generación Aleatoria**: Uso de valores aleatorios para decidir notas, duraciones o efectos.
- **Gramáticas y Reglas**: Definir reglas para estructurar melodías y armonías.
- **Procesos Estocásticos**: Aplicar probabilidades para definir eventos musicales.
- **Automatización de Parámetros**: Controlar dinámicamente la evolución del sonido.

ChucK es ideal para este enfoque debido a su capacidad de programación en tiempo real y control preciso del flujo temporal.

5.2 Generación de Notas Aleatorias

Podemos usar la función Math.random() para generar notas y duraciones aleatorias dentro de un rango específico.

5.2.1 Escala Aleatoria

```
// Crear un oscilador
SinOsc osc => dac;

// Notas de la escala pentatónica en Hz
[261.63, 293.66, 329.63, 392.00, 440.00] @=> float notas[];
```

```chuck
while (true) {
    // Seleccionar una nota aleatoria
    notas[Math.random2(0, notas.cap()-1)] => osc.freq;

    // Esperar un tiempo aleatorio entre 100 y 500 ms
    Math.random2f(100, 500)::ms => now;
}
```

En este ejemplo, se selecciona aleatoriamente una nota de la escala pentatónica y se reproduce con una duración variable.

5.3 Uso de Probabilidades para Composición

Podemos controlar la probabilidad de que ocurran ciertos eventos, lo que nos permite generar patrones musicales con cierta estructura.

5.3.1 Notas con Probabilidad de Ocurrencia

```chuck
SinOsc osc => dac;

// Notas en Hz
[261.63, 293.66, 329.63, 392.00, 440.00] @=> float notas[];

// Probabilidades (valores altos indican mayor probabilidad de ocurrencia)
[50, 20, 15, 10, 5] @=> int probabilidades[];

fun int elegirNota() {
    int r;
    for (0 => int i; i < notas.cap(); i++) {
        r += probabilidades[i];
    }
    Math.random2(0, r) => int num;

    int suma;
    for (0 => int i; i < notas.cap(); i++) {
        suma += probabilidades[i];
        if (num < suma) return i;
    }
    return 0;
}
```

```
while (true) {
   notas[elegirNota()] => osc.freq;
   200::ms => now;
}
```

En este código, ciertas notas tienen mayor probabilidad de ser elegidas, lo que permite modelar un estilo melódico específico.

5.4 Secuenciadores y Patrones

Los secuenciadores permiten definir patrones musicales que se repiten o varían con el tiempo.

5.4.1 Creación de un Secuenciador Básico

```
SinOsc osc => dac;

// Patrón de notas
[261.63, 329.63, 392.00, 440.00] @=> float secuencia[];

while (true) {
   for (0 => int i; i < secuencia.cap(); i++) {
      secuencia[i] => osc.freq;
      300::ms => now;
   }
}
```

Podemos modificar este patrón dinámicamente para generar variaciones en la composición.

5.5 Generación de Acordes

Los acordes consisten en la combinación de varias notas tocadas simultáneamente.

5.5.1 Creación de un Acorde Mayor

```
// Crear tres osciladores
SinOsc osc1 => dac;
```

```
SinOsc osc2 => dac;
SinOsc osc3 => dac;

// Notas de un acorde mayor (C Mayor)
261.63 => osc1.freq;
329.63 => osc2.freq;
392.00 => osc3.freq;

// Mantener el acorde por 2 segundos
2::second => now;
```

Para hacer que los acordes cambien dinámicamente:

```
fun void tocarAcorde(float notaBase) {
   SinOsc osc1 => dac;
   SinOsc osc2 => dac;
   SinOsc osc3 => dac;

   notaBase => osc1.freq;
   notaBase * 5/4 => osc2.freq; // Tercera mayor
   notaBase * 3/2 => osc3.freq; // Quinta justa

   500::ms => now;
}

while (true) {
   tocarAcorde(261.63); // Do Mayor
   tocarAcorde(293.66); // Re Mayor
   tocarAcorde(329.63); // Mi Mayor
}
```

5.6 Música Generativa y Evolutiva

Podemos utilizar sistemas dinámicos para hacer que la música evolucione con el tiempo.

5.6.1 Melodía en Evolución con Markov Chains

```
// Crear oscilador
SinOsc osc => dac;
```

```chuck
// Notas en Hz
[261.63, 293.66, 329.63, 392.00, 440.00] @=> float notas[];

// Matriz de probabilidades
[[0.1, 0.3, 0.2, 0.2, 0.2],
 [0.2, 0.2, 0.3, 0.2, 0.1],
 [0.3, 0.2, 0.2, 0.2, 0.1],
 [0.2, 0.2, 0.3, 0.1, 0.2],
 [0.1, 0.3, 0.2, 0.2, 0.2]] @=> float transiciones[][];

fun int siguienteNota(int actual) {
    float r;
    for (0 => int i; i < notas.cap(); i++) r += transiciones[actual][i];
    Math.random2f(0, r) => float num;

    float suma;
    for (0 => int i; i < notas.cap(); i++) {
        suma += transiciones[actual][i];
        if (num < suma) return i;
    }
    return 0;
}

// Iniciar con una nota aleatoria
Math.random2(0, notas.cap()-1) => int notaActual;

while (true) {
    notas[notaActual] => osc.freq;
    200::ms => now;
    siguienteNota(notaActual) => notaActual;
}
```

Este código genera una melodía basada en probabilidades de transición entre notas, creando un sistema de composición adaptativo.

5.7 Conclusión

En este capítulo, exploramos técnicas para generar música de manera algorítmica en ChucK, incluyendo el uso de aleatoriedad, probabilidades, patrones, acordes y sistemas evolutivos.

Capítulo 6: Interacción en Vivo y Control en Tiempo Real con ChucK

En este capítulo, exploraremos cómo ChucK permite la interacción en vivo con la música, utilizando entradas de teclado, MIDI y otros dispositivos para modificar el sonido en tiempo real.

6.1 Introducción a la Interacción en Tiempo Real

Uno de los aspectos más poderosos de ChucK es su capacidad para manipular el sonido en vivo. Esto permite a los músicos y programadores cambiar parámetros mientras la música se ejecuta, creando experiencias interactivas. Algunas formas de interacción incluyen:

- **Teclado**: Capturar teclas para controlar notas y efectos.
- **MIDI**: Usar un teclado MIDI para tocar instrumentos en ChucK.
- **Controladores**: Utilizar sensores o dispositivos externos.
- **OSC (Open Sound Control)**: Comunicación entre ChucK y otras aplicaciones.

6.2 Control con el Teclado

Podemos capturar la entrada del teclado en ChucK para tocar notas en tiempo real.

6.2.1 Capturar Teclas para Tocar Notas

```
Hid hi; // Crear un dispositivo de entrada
HidMsg msg; // Mensaje de entrada

if (!hi.openKeyboard(0)) {
    <<< "No se encontró un teclado" >>>;
    me.exit();
}

// Crear un oscilador
SinOsc osc => dac;

// Loop de escucha
```

```
while (true) {
  hi => now; // Esperar entrada del teclado
  while (hi.recv(msg)) {
    if (msg.isButtonDown()) {
      // Convertir el código de la tecla en una frecuencia
      msg.ascii => int key;
      key * 5 => osc.freq;
    }
  }
}
```

En este ejemplo, cada tecla presionada cambia la frecuencia del oscilador, permitiendo tocar sonidos interactivos.

6.3 Uso de MIDI para Control en Tiempo Real

Los dispositivos MIDI permiten usar teclados, controladores y pads para interactuar con ChucK.

6.3.1 Leer Notas desde un Teclado MIDI

```
MidiIn min;
MidiMsg msg;

if (!min.open(0)) {
  <<< "No se encontró un dispositivo MIDI" >>>;
  me.exit();
}

// Crear un oscilador
SawOsc osc => dac;

while (true) {
  min => now; // Esperar mensaje MIDI
  while (min.recv(msg)) {
    if (msg.data1 == 144) { // Nota presionada
      Std.mtof(msg.data2) => osc.freq;
    }
  }
}
```

Este código convierte las notas del teclado MIDI en frecuencias para tocar sonidos en ChucK.

6.4 Modificar Parámetros con MIDI

Los controladores MIDI pueden modificar el volumen, efectos o cualquier parámetro en tiempo real.

```
MidiIn min;
MidiMsg msg;

if (!min.open(0)) {
   <<< "No se encontró un dispositivo MIDI" >>>;
   me.exit();
}

// Oscilador y ganancia
SinOsc osc => Gain g => dac;
0.5 => g.gain;

while (true) {
   min => now;
   while (min.recv(msg)) {
     if (msg.data1 == 176) { // Controlador giratorio
        msg.data2 / 127.0 => g.gain; // Controla el volumen
     }
   }
}
```

Aquí usamos un controlador MIDI para modificar la ganancia del sonido.

6.5 Comunicación con Open Sound Control (OSC)

OSC permite que ChucK reciba información de otras aplicaciones, como Pure Data o Max/MSP.

6.5.1 Recibir Mensajes OSC

```
OscRecv osc;
6448 => osc.port;
osc.listen();

OscEvent e;
osc.event("/control") @=> e;

while (true) {
  e => now;
  while (e.nextMsg()) {
    <<< "Recibido:", e.getFloat() >>>;
  }
}
```

En este código, ChucK recibe mensajes OSC en el puerto 6448 y los imprime.

6.6 Generación de Sonido Interactivo con Sensores

Podemos usar datos de sensores para modificar el sonido en tiempo real.

6.6.1 Simulación de un Sensor de Movimiento

```
SinOsc osc => dac;

fun float getSensorValue() {
  return Math.random2f(100, 1000);
}

while (true) {
  getSensorValue() => osc.freq;
  500::ms => now;
}
```

Este código cambia la frecuencia del oscilador en función de valores aleatorios simulando un sensor.

6.7 Conclusión

Hemos explorado cómo ChucK permite la interacción en vivo a través de teclado, MIDI, OSC y sensores. En el próximo capítulo, aprenderemos sobre **síntesis avanzada y diseño sonoro**.

Capítulo 7: Síntesis Avanzada y Diseño Sonoro en ChucK

En este capítulo, exploraremos técnicas avanzadas de síntesis de sonido en ChucK, incluyendo la modulación, la síntesis aditiva, la síntesis sustractiva y el diseño de efectos personalizados.

7.1 Introducción a la Síntesis Avanzada

La síntesis de sonido es el proceso de generar sonidos a partir de señales electrónicas. ChucK proporciona diversas técnicas para crear sonidos complejos y personalizados. Entre las más utilizadas se encuentran:

- **Síntesis aditiva**: Combina múltiples osciladores para crear timbres ricos.
- **Síntesis sustractiva**: Usa filtros para esculpir el sonido.
- **Modulación de amplitud (AM)**: Varía la amplitud de una onda con otra onda.
- **Modulación de frecuencia (FM)**: Modifica la frecuencia de una onda con otra.
- **Síntesis granular**: Genera sonido a partir de pequeños fragmentos de audio.

7.2 Síntesis Aditiva: Combinación de Ondas

La síntesis aditiva consiste en sumar múltiples osciladores para construir sonidos complejos.

```
// Crear un array de osciladores
SinOsc osc[5];
Gain g => dac;

// Frecuencias de los osciladores (armónicos)
[220, 440, 660, 880, 1100] @=> int freqs[];

for (0 => int i; i < osc.cap(); i++) {
    osc[i] => g;
    freqs[i] => osc[i].freq;
    0.2 / osc.cap() => osc[i].gain; // Ajustar volúmenes
}

// Ejecutar indefinidamente
while (true) 10::ms => now;
```

Este código genera un sonido más rico sumando varias ondas sinusoidales con diferentes frecuencias.

7.3 Síntesis Sustractiva: Uso de Filtros

La síntesis sustractiva elimina ciertas frecuencias de una onda compleja para esculpir su timbre.

```
// Fuente de sonido
SawOsc osc => LPF filtro => dac;
osc.freq(220);
1.0 => osc.gain;

// Configurar filtro
200 => filtro.freq;  // Filtro pasa bajos en 200 Hz

// Cambiar la frecuencia del filtro con el tiempo
while (true) {
   Math.random2f(100, 2000) => filtro.freq;
   500::ms => now;
}
```

Aquí usamos un filtro pasa bajos para alterar la textura del sonido de un oscilador de sierra.

7.4 Modulación de Amplitud (AM)

La AM varía la amplitud de una onda con otra onda, creando efectos de vibrato o trémolo.

```
chuck
CopiarEditar
SinOsc carrier => Gain mod => dac;
SinOsc modulator => mod.gain;

440 => carrier.freq;  // Frecuencia base
5 => modulator.freq;  // Frecuencia de modulación
```

0.5 => modulator.gain; // Profundidad del trémolo

while (true) 10::ms => now;

Aquí aplicamos un trémolo modulando la amplitud de una onda con otra de baja frecuencia.

7.5 Modulación de Frecuencia (FM)

La FM altera la frecuencia de una onda con otra onda, generando sonidos metálicos o de campana.

```
chuck
CopiarEditar
SinOsc modulator => SinOsc carrier => dac;
220 => carrier.freq;
10 => modulator.freq;
100 => modulator.gain;

while (true) 10::ms => now;
```

El modulador cambia la frecuencia del portador dinámicamente, creando sonidos complejos.

7.6 Síntesis Granular

La síntesis granular divide una señal en pequeños fragmentos (granos) para recombinarlos y generar nuevas texturas sonoras.

```
SndBuf buf => dac;
buf.read("sample.wav");

fun void granulator() {
  while (true) {
    Math.random2(0, buf.samples()) => buf.pos;
    Math.random2f(0.1, 0.5) => buf.rate;
    50::ms => now;
```

```
    }
}

// Iniciar la síntesis granular
spork ~ granulator();

while (true) 10::ms => now;
```

Este código selecciona partes aleatorias de un archivo de audio y las reproduce con velocidades aleatorias.

7.7 Creación de Efectos Personalizados

Podemos combinar efectos como **eco, reverb y distorsión** para modificar el sonido en tiempo real.

```
// Crear oscilador y efectos
SinOsc osc => Echo echo => dac;
440 => osc.freq;
0.5 => osc.gain;

// Configurar eco
1::second => echo.max;
0.2::second => echo.delay;
0.6 => echo.gain;

// Ejecutar
while (true) 10::ms => now;
```

Aquí aplicamos un eco con 200 ms de retardo y un nivel de realimentación del 60%.

7.8 Conclusión

Este capítulo cubrió diversas técnicas avanzadas de síntesis y diseño sonoro en ChucK. En el siguiente capítulo, exploraremos cómo **componer estructuras musicales utilizando patrones y secuencias en ChucK.**

Capítulo 8: Composición y Patrones en ChucK

En este capítulo, exploraremos cómo estructurar composiciones musicales en
ChucK utilizando patrones, secuencias y automatización del tiempo.
Aprenderemos a construir progresiones armónicas, generar ritmos y orquestar
múltiples voces en una composición.

8.1 Introducción a la Composición en ChucK

ChucK permite la creación de música mediante la manipulación precisa del tiempo
y el uso de estructuras de control para generar secuencias musicales. Algunas
estrategias clave incluyen:

- **Patrones rítmicos**: Uso de bucles y estructuras de tiempo para crear
  secuencias.
- **Progresiones armónicas**: Cambio dinámico de acordes y melodías.
- **Instrumentación**: Coordinación de múltiples sonidos en una pieza musical.

8.2 Generación de Notas con Arrays

Podemos usar arrays para almacenar secuencias de notas y reproducirlas en un
bucle.

```
// Frecuencias de una escala mayor
[261.63, 293.66, 329.63, 349.23, 392.00, 440.00, 493.88] @=> float notas[];

SinOsc osc => dac;
0.5 => osc.gain;

while (true) {
   for (0 => int i; i < notas.cap(); i++) {
     notas[i] => osc.freq;
     500::ms => now;
   }
}
```

Este código reproduce una escala mayor en un oscilador sinusoidal.

8.3 Patrones de Ritmo con Shreduling

Podemos usar hilos de ejecución (shreds) para crear ritmos independientes.

```
// Bombo
```

```chuck
fun void kick() {
   Impulse kick => LPF filtro => dac;
   100 => filtro.freq;

   while (true) {
      1 => kick.next;
      500::ms => now;
   }
}

// Caja
fun void snare() {
   Noise snare => HPF filtro => dac;
   2000 => filtro.freq;
   0.3 => snare.gain;

   while (true) {
      1 => snare.next;
      1000::ms => now;
   }
}

// Hihat
fun void hihat() {
   Noise hat => HPF filtro => dac;
   6000 => filtro.freq;
   0.2 => hat.gain;

   while (true) {
      1 => hat.next;
      250::ms => now;
   }
}

// Iniciar hilos
spork ~ kick();
spork ~ snare();
spork ~ hihat();

// Mantener la ejecución
```

```
while (true) 10::ms => now;
```

Aquí hemos creado un ritmo básico con un bombo, caja y hi-hat.

8.4 Creación de Progresiones Armónicas

Las progresiones armónicas pueden definirse como secuencias de acordes.

```
// Acordes en una progresión I - IV - V - I en Do mayor
[[261.63, 329.63, 392.00], // C mayor
 [349.23, 440.00, 523.25], // F mayor
 [392.00, 493.88, 587.33], // G mayor
 [261.63, 329.63, 392.00]] // C mayor de nuevo
@=> float acordes[][];

TriOsc osc[3];
for (0 => int i; i < osc.cap(); i++) {
   osc[i] => dac;
   0.3 => osc[i].gain;
}

while (true) {
   for (0 => int j; j < acordes.cap(); j++) {
     for (0 => int i; i < osc.cap(); i++) {
        acordes[j][i] => osc[i].freq;
     }
     1::second => now;
   }
}
```

Este código reproduce una progresión armónica básica en Do mayor.

8.5 Generación de Melodías Algorítmicas

Podemos generar melodías utilizando reglas aleatorias.

```
// Notas de la escala pentatónica
[261.63, 293.66, 329.63, 392.00, 440.00] @=> float notas[];

SinOsc osc => dac;
0.5 => osc.gain;
```

```
while (true) {
  Math.random2(0, notas.cap() - 1) => int index;
  notas[index] => osc.freq;
  Math.random2(200, 800)::ms => now;
}
```

Esto genera una melodía aleatoria en una escala pentatónica.

8.6 Automatización del Tiempo y Dinámica

Podemos controlar la intensidad y duración de las notas para agregar expresividad.

```
SinOsc osc => ADSR env => dac;
env.set(10::ms, 100::ms, 0.5, 500::ms);

[220, 440, 660, 880] @=> float notas[];

while (true) {
  Math.random2(0, notas.cap() - 1) => int index;
  notas[index] => osc.freq;
  env.keyOn();
  300::ms => now;
  env.keyOff();
  200::ms => now;
}
```

Aquí usamos un envolvente ADSR para controlar la dinámica de la melodía.

8.7 Orquestación con Múltiples Instrumentos

Podemos combinar varios instrumentos en una pieza musical.

```
// Bajo
fun void bass() {
  SawOsc osc => LPF filtro => dac;
  100 => filtro.freq;
  0.5 => osc.gain;

  while (true) {
    [55, 65, 73, 82][Math.random2(0, 3)] => osc.freq;
```

```chuck
        500::ms => now;
    }
}

// Melodía
fun void melody() {
    SinOsc osc => dac;
    0.3 => osc.gain;

    [220, 247, 294, 330, 392, 440] @=> float notas[];

    while (true) {
        notas[Math.random2(0, notas.cap() - 1)] => osc.freq;
        400::ms => now;
    }
}

// Ritmo
fun void rhythm() {
    Noise noise => HPF filtro => dac;
    5000 => filtro.freq;
    0.2 => noise.gain;

    while (true) {
        1 => noise.next;
        Math.random2(200, 600)::ms => now;
    }
}

// Iniciar hilos
spork ~ bass();
spork ~ melody();
spork ~ rhythm();

while (true) 10::ms => now;
```

Aquí combinamos un bajo, una melodía y un ritmo para crear una pequeña pieza musical.

8.8 Conclusión

En este capítulo, hemos aprendido cómo construir patrones musicales, progresiones armónicas y melodías en ChucK. También exploramos la sincronización de múltiples hilos para orquestar piezas musicales más complejas.

Capítulo 9: Interactividad en Tiempo Real en ChucK

En este capítulo, exploraremos cómo hacer que nuestros programas en ChucK sean interactivos en tiempo real. Aprenderemos a usar controladores MIDI, teclados, sensores y entrada de usuario para modificar sonidos y estructuras musicales mientras la música se ejecuta.

9.1 Introducción a la Interactividad

ChucK permite la manipulación de audio en tiempo real, lo que significa que podemos modificar parámetros sobre la marcha sin detener la ejecución del programa. Algunas maneras de lograr esto incluyen:

- **Entrada MIDI**: Controladores físicos o teclados MIDI.
- **Entrada desde el teclado**: Capturar teclas presionadas.
- **Sensores y controladores físicos**: Usando OSC (Open Sound Control) o entradas analógicas.

9.2 Uso de Teclado para Control en Tiempo Real

Podemos capturar la entrada del teclado para cambiar parámetros en la música.

```
Hid hi;
if (hi.openKeyboard(0)) {
    <<< "Teclado detectado. Presiona teclas para interactuar." >>>;
} else {
    <<< "No se detectó un teclado." >>>;
    me.exit();
}

SinOsc osc => dac;
0.5 => osc.gain;

while (true) {
    hi => now;

    while (hi.recv()) {
```

```
      if (hi.isKeyDown()) {
        if (hi.key == 113) { // 'q' -> aumenta frecuencia
          osc.freq(osc.freq() + 20);
        } else if (hi.key == 97) { // 'a' -> disminuye frecuencia
          osc.freq(osc.freq() - 20);
        } else if (hi.key == 122) { // 'z' -> baja volumen
          osc.gain(osc.gain() - 0.1);
        } else if (hi.key == 120) { // 'x' -> sube volumen
          osc.gain(osc.gain() + 0.1);
        }
      }
    }
  }
}
```

Explicación

- Se detecta la entrada de teclado y se asocian teclas a funciones específicas.
- 'q' aumenta la frecuencia del oscilador.
- 'a' disminuye la frecuencia.
- 'z' reduce el volumen.
- 'x' aumenta el volumen.

Esto permite modificar el sonido en tiempo real mientras se ejecuta el programa.

9.3 Controladores MIDI en ChucK

Podemos usar teclados MIDI o pads para controlar parámetros del sonido.

```
MidiIn min;
if (!min.open(0)) me.exit();

MidiMsg msg;
SinOsc osc => dac;
0.5 => osc.gain;

while (true) {
  min => now;
  while (min.recv(msg)) {
    if (msg.data1 == 144) { // Nota presionada
      Std.mtof(msg.data2) => osc.freq;
```

```
      } else if (msg.data1 == 128) { // Nota liberada
         0 => osc.gain;
      }
   }
}
```

Explicación

- Se abre el primer dispositivo MIDI disponible.
- Si se presiona una tecla MIDI (msg.data1 == 144), se convierte la nota MIDI en frecuencia (Std.mtof(msg.data2)) y se asigna al oscilador.
- Si se libera la tecla (msg.data1 == 128), se silencia el oscilador.

Esto permite tocar un teclado MIDI y controlar un oscilador en tiempo real.

9.4 Uso de Controladores OSC

El protocolo **OSC (Open Sound Control)** se usa para conectar ChucK con otras aplicaciones como TouchOSC o Max/MSP.

Ejemplo de Servidor OSC en ChucK

```
OscRecv recv;
6449 => recv.port;
recv.listen();

fun void recibirOSC() {
   while (true) {
     recv => now;
     while (recv.recv()) {
        <<< "Mensaje OSC recibido: ", recv.getFloat() >>>;
     }
   }
}

spork ~ recibirOSC();
while (true) 10::ms => now;
```

Esto recibe datos de un controlador OSC en el puerto 6449 y los muestra en la consola.

9.5 Mapeo de Parámetros con Controladores Externos

Podemos asignar entradas a múltiples parámetros, por ejemplo, para manipular filtros y efectos en tiempo real.

```
MidiIn min;
if (!min.open(0)) me.exit();

MidiMsg msg;
SawOsc osc => LPF filtro => dac;
300 => filtro.freq;
0.5 => osc.gain;

while (true) {
    min => now;
    while (min.recv(msg)) {
        if (msg.data1 == 176) { // Cambio de control (Knob o Fader)
            (msg.data2 * 5) + 100 => filtro.freq;
        }
    }
}
```

Explicación

- Si se gira un **knob** en un controlador MIDI (msg.data1 == 176), se ajusta la frecuencia de corte de un filtro pasa bajos.
- Se convierte el valor del controlador en una frecuencia entre 100 Hz y 1320 Hz.

Esto permite modificar el timbre del sonido en vivo.

9.6 Creación de un Sintetizador Controlado en Tiempo Real

Combinemos todas las técnicas anteriores para crear un **sintetizador interactivo** con teclado y MIDI.

```
Hid hi;
MidiIn min;
```

```
if (!hi.openKeyboard(0) || !min.open(0)) me.exit();

MidiMsg msg;
SinOsc osc => LPF filtro => dac;
300 => filtro.freq;
0.5 => osc.gain;

fun void teclado() {
   while (true) {
      hi => now;
      while (hi.recv()) {
         if (hi.isKeyDown()) {
            if (hi.key == 113) filtro.freq(filtro.freq() + 50); // 'q' -> subir filtro
            else if (hi.key == 97) filtro.freq(filtro.freq() - 50); // 'a' -> bajar filtro
         }
      }
   }
}

fun void midi() {
   while (true) {
      min => now;
      while (min.recv(msg)) {
         if (msg.data1 == 144) Std.mtof(msg.data2) => osc.freq;
         else if (msg.data1 == 128) 0 => osc.gain;
      }
   }
}

spork ~ teclado();
spork ~ midi();

while (true) 10::ms => now;
```

Explicación

- Se usa el **teclado** para modificar el filtro.
- Se usa el **MIDI** para tocar notas en el sintetizador.
- Se ejecutan dos hilos (spork ~ teclado(); y spork ~ midi();) para que ambos funcionen en paralelo.

Este es un ejemplo completo de interactividad en ChucK.

9.7 Conclusión

En este capítulo, exploramos cómo hacer que los programas de ChucK sean interactivos en tiempo real utilizando:

Entrada desde el **teclado** para modificar parámetros.
Dispositivos MIDI para controlar sintetizadores.
Protocolo OSC para conectar con aplicaciones externas.
Uso de **hilos (sporking)** para manejar múltiples controles simultáneamente.

Estos elementos permiten crear **instrumentos digitales en vivo**, controlables con hardware y software externos. 🎹

Capítulo 10: Síntesis Granular y Manipulación de Audio en ChucK

En este capítulo, exploraremos la síntesis granular en ChucK, una técnica que nos permite fragmentar sonidos en pequeñas partes llamadas **granos** y reorganizarlos para crear texturas sonoras complejas. También veremos cómo manipular muestras de audio en tiempo real para generar efectos innovadores.

10.1 Introducción a la Síntesis Granular

La **síntesis granular** se basa en dividir un sonido en pequeños fragmentos (de 1 a 100 ms), que se reproducen, se sobreponen y se modifican para formar nuevas estructuras sonoras.

Los principales parámetros de la síntesis granular son:
Tamaño del grano – Duración de cada fragmento de sonido.
Densidad – Número de granos reproducidos por unidad de tiempo.
Desfase – Espaciado entre los granos en el tiempo.
Aleatorización – Variación en la posición y el tono de los granos para un sonido más orgánico.

10.2 Generación de Granos con ChucK

Podemos generar granos utilizando osciladores básicos.

```
fun void generarGranos() {
```

```
  while (true) {
    SinOsc osc => dac;
    Math.random2f(200, 800) => osc.freq; // Frecuencia aleatoria
    Math.random2f(0.1, 0.3) => osc.gain; // Amplitud aleatoria
    Math.random2f(10::ms, 50::ms) => now; // Duración del grano
  }
}

spork ~ generarGranos(); // Ejecutar en un hilo paralelo
10::second => now; // Esperar
```

Explicación

- Se generan pequeños **granos** con frecuencias aleatorias entre 200 Hz y 800 Hz.
- Cada grano tiene un volumen y una duración aleatoria entre **10 ms y 50 ms**.
- Se ejecuta en un **hilo paralelo** con spork ~ generarGranos();.

Esto crea una textura de sonido dinámica y en constante cambio.

10.3 Reproducción Granular con Archivos de Audio

Podemos aplicar la síntesis granular a un archivo de audio.

```
SndBuf buf => dac;
buf.read("audio.wav");

fun void granular() {
  while (true) {
    buf.pos(Math.random2(0, buf.samples())); // Posición aleatoria en la muestra
    Math.random2f(20::ms, 100::ms) => now; // Grano de 20 a 100 ms
  }
}

spork ~ granular();
10::second => now;
```

Explicación

- Se carga un archivo de audio en SndBuf.
- Se selecciona una posición **aleatoria** en la muestra.

- Se reproduce un fragmento **corto** (20 ms - 100 ms).
- Se repite el proceso para generar una textura basada en el sonido original.

10.4 Variación de la Duración y el Pitch en Tiempo Real

Podemos modificar la duración y la frecuencia de los granos con controles en tiempo real.

```
SndBuf buf => Gain g => dac;
buf.read("audio.wav");
0.5 => g.gain;
fun void granular(float duracion, float variacion) {
   while (true) {
      buf.pos(Math.random2(0, buf.samples()));
      Math.random2f(20::ms, duracion * 1::ms) => now;
      buf.rate(1 + Math.random2f(-variacion, variacion)); // Modificar pitch
   }
}

spork ~ granular(100, 0.2);
10::second => now;
```

Explicación

- duracion controla el tamaño de cada grano.
- variacion aplica una modulación de pitch para evitar sonidos monótonos.
- El archivo de audio se reproduce con **distorsiones controladas**.

Este método es útil para efectos de **reverberación granulada** y **procesamiento de texturas sonoras**.

10.5 Uso de MIDI para Controlar Parámetros Granulares

Podemos usar un controlador MIDI para ajustar parámetros como la **duración de los granos** y la **frecuencia del oscilador**.

```
MidiIn min;
if (!min.open(0)) me.exit();
MidiMsg msg;

SndBuf buf => Gain g => dac;
```

```chuck
buf.read("audio.wav");

fun void granular(float duracion, float variacion) {
    while (true) {
        buf.pos(Math.random2(0, buf.samples()));
        Math.random2f(20::ms, duracion * 1::ms) => now;
        buf.rate(1 + Math.random2f(-variacion, variacion));
    }
}
spork ~ granular(100, 0.2);

while (true) {
    min => now;
    while (min.recv(msg)) {
        if (msg.data1 == 176) { // Controlador MIDI
            (msg.data2 * 5) + 20 => granular.duracion;
        }
    }
}
```

Explicación

- Un **knob** en un controlador MIDI modifica el tamaño de los granos.
- Esto permite cambiar la textura del sonido en vivo.

10.6 Creación de una Nube Granular Interactiva

Podemos combinar múltiples fuentes de sonido y hacer una nube de granos **interactiva**.

```chuck
SndBuf buf1 => Gain g1 => dac;
SndBuf buf2 => Gain g2 => dac;
buf1.read("sonido1.wav");
buf2.read("sonido2.wav");

fun void granular(SndBuf buf, float duracion, float variacion) {
    while (true) {
        buf.pos(Math.random2(0, buf.samples()));
        Math.random2f(20::ms, duracion * 1::ms) => now;
        buf.rate(1 + Math.random2f(-variacion, variacion));
```

```
    }
}

spork ~ granular(buf1, 80, 0.1);
spork ~ granular(buf2, 120, 0.2);

10::second => now;
```

Explicación

- Se mezclan dos archivos de audio granulados con diferentes duraciones y variaciones.
- Esto genera un **paisaje sonoro envolvente**.

10.7 Conclusión

En este capítulo, hemos aprendido a:

Generar sonidos granulados con **osciladores** y **archivos de audio**.
Modificar **duración, frecuencia** y **posición** de los granos.
Usar **MIDI** y **controles en tiempo real** para manipular parámetros.
Crear **nubes granulares** combinando múltiples sonidos.

La síntesis granular es una técnica poderosa para la creación de **paisajes sonoros, texturas atmosféricas y efectos innovadores en música electrónica y experimental**.

Ejercicios de Aplicación

Oscilador Sinusoidal Simple

```
SinOsc sine => dac;
440 -> sine.freq;
1.0 => sine.gain;
1::second => now;
```

Tono con Ganancia Reducida

```
// Crear un oscilador
SinOsc osc => dac;
// Frecuencia del tono
```

```chuck
440 => osc.freq; // 440 Hz (La)
// Duración del sonido
2::second => dur time; // 2 segundos
// Sonar el tono con ganancia reducida para evitar distorsión
0.5 => osc.gain; // Volumen moderado
time => now; // Esperar 2 segundos
```

Aplicación de un Buffer y un Filtro Pasa Bajos

```chuck
// Crear un buffer para el archivo de sonido
SndBuf buf => dac;  // Conectar el buffer al DAC directamente
// Leer el archivo WAV (asegúrate de que "input.wav" esté en la misma carpeta)
buf.read("input.wav");
// Configurar el filtro pasa bajos (LPF) antes de la reproducción
LPF lpf => dac;
buf => lpf;
2000 => lpf.freq;  // Establecer la frecuencia de corte a 2000 Hz
// Reproducir el archivo
buf.play();
// Esperar hasta que termine la reproducción
(buf.length() / buf.rate())::second => now;
```

Acorde C Mayor

```chuck
SinOsc c => dac;
SinOsc e => dac;
SinOsc g => dac;

261.63 => c.freq; // C4
329.63 => e.freq; // E4
392.00 => g.freq; // G4

0.3 => c.gain;
0.3 => e.gain;
0.3 => g.gain;

2::second => now;
```

Efecto Tremolo

```
SinOsc osc => dac;
440 => osc.freq;
0.5 => osc.gain;

SinOsc lfo => blackhole;
5 => lfo.freq;

while (true) {
    (lfo.last() * 0.5 + 0.5) => osc.gain;
    10::ms => now;
}
```

Ruido Blanco (White Noise)

```
Noise n => dac;
0.1 => n.gain;
2::second => now;
```

Sirena de Policía

```
SinOsc siren => dac;
0.5 => siren.gain;

while (true) {
    600 => siren.freq;
    500::ms => now;
    900 => siren.freq;
    500::ms => now;
}
```

Efecto Delay

```
SinOsc osc => DelayL delay => dac;
440 => osc.freq;
0.5 => osc.gain;
```

```
0.4::second => delay.delay;
0.5 => delay.gain;
3::second => now;
```

Baja de Tono (Glissando)

```
SinOsc osc => dac;
1000 => osc.freq;
0.5 => osc.gain;

while (osc.freq() > 100) {
   osc.freq() * 0.99 => osc.freq;
   10::ms => now;
}
```


Reverberación

```
SinOsc osc => JCRev rev => dac;
440 => osc.freq;
0.7 => rev.mix; //Mezcla de reverberación al 70%
2::second=>now;
```


Oscilador de Baja Frecuencia

```
SinOsc lfo=>blackhole;
5=>lfo.freq;

SinOsc osc=>dac;
440=> osc.freq;
0.3=> osc.gain;

while(true)
{
        (lfo.last()*20+440)=>osc.freq;
        10::ms=>now;
}
```

Barrido de Frecuencias

```
SinOsc s => dac;
200=>s.freq;

for (0=> int i; i<400; i++)
{
(200+1.5*i)=>s.freq;
10::ms=>now;
}
```

Efecto Filtro Paso Bajo Aplicado a un Ruido

```
Noise n => LPF lpf => dac;
0.1 => n.gain;
500 => lpf.freq;
2::second => now;
```

Control de Tiempo

```
// Duración y tempo
dur quarter => 250::ms;
quarter => now; // Espera un cuarto de nota
Time timing;
timing.period(120.0); // Establece tempo a 120 BPM
```

Notas MIDI y Frecuencias

```
// Conversión MIDI a frecuencia
fun float midiToFreq(float nota) {
return Std.mtof(nota);
}
// Ejemplo: nota MIDI 69 (A4)
midiToFreq(69) => float frecuencia;
```

Procesamiento de Sonido

```
// Cadena de efectos
SinOsc osc => Gain gain => Echo echo => dac;
0.5 => gain.gain;
```

```chuck
750::ms => echo.delay;
```

Patrones Musicales

```chuck
// Clase para patrones rítmicos
class RhythmPattern {
    int pattern[];
    dur beatDuration;
    fun void play() {
    for(0 => int i; i < pattern.cap(); i++) {
        if(pattern[i]) spork ~ playNote();
        beatDuration => now;
        }
    }
}
fun void playNote() {
}
```

Conceptos Avanzados

```chuck
// Síntesis FM
SinOsc modulator => SinOsc carrier => dac;
200.0 => modulator.freq;
800.0 => carrier.freq;
500.0 => modulator.gain;
```

Concurrencia y Paralelismo

```chuck
// Define la función para tocar una melodía
funvoid playMelody() {
// Crea un oscilador
SinOsc melody => dac;
melody.freq(440); // Frecuencia inicial

// Toca una melodía simple
0.5::second => now; // Pausa inicial
melody.freq(440); // A4
```

```chuck
0.5::second => now;
melody.freq(494); // B4
0.5::second => now;
melody.freq(523); // C5
0.5::second => now;
melody.freq(587); // D5
0.5::second => now;
melody.freq(659); // E5
0.5::second => now;
melody.freq(698); // F5
0.5::second => now;
melody.freq(784); // G5
0.5::second => now;
melody.freq(880); // A5
0.5::second => now;

melody => blackhole; // Desconecta el oscilador
}

// Define la función para tocar el bajo
funvoid playBass() {
// Crea un oscilador para el bajo
SinOsc bass => dac;
bass.freq(110); // Frecuencia inicial

// Toca un patrón de bajo simple
0.5::second => now; // Pausa inicial
bass.freq(110); // A2
0.5::second => now;
bass.freq(130.81); // C3
0.5::second => now;
bass.freq(146.83); // D3
0.5::second => now;
bass.freq(164.81); // E3
0.5::second => now;
bass => blackhole; // Desconecta el oscilador
}

// Define la función para tocar la batería
funvoid playDrums() {
```

```chuck
// Crea un generador de ruido para la batería
Noise noise => dac;

// Toca un patrón de batería simple
0.5::second => now; // Pausa inicial
noise.gain(1); // Aumenta el volumen
noise => dac; // Reproduce ruido blanco
0.1::second => now; // Duración del golpe
noise.gain(0); // Silencia el ruido
0.5::second => now; // Pausa

// Golpes adicionales
noise.gain(1);
0.1::second => now;
noise.gain(0);
0.5::second => now;
noise => blackhole; // Desconecta el ruido
}

// Llama a las funciones en paralelo
spork ~ playMelody();
spork ~ playBass();
spork ~ playDrums();
// Mantén el programa corriendo para que las funciones puedan ejecutarse
while (true) {
1::second => now;
}
```

Tipos de Osciladores

```chuck
// Genera una onda sinusoidal
SinOsc sin => dac;
440 => sin.freq;
1::second => now;

// Genera una onda cuadrada
SqrOsc sqr => dac;
220 => sqr.freq;
1::second => now;
```

```
// Genera una onda triangular
TriOsc tri => dac;
330 => tri.freq;
1::second => now;
```

Mostrar valores en la consola

```
// Declaración de variables
10 => int x;
2.5 => float y;
now => time inicio; // Marca el tiempo actual

// Operación simple
x + 5 => int resultado;

// Mostrar valores en la consola
<<< "El valor de x:", x >>>;
<<< "El valor de y:", y >>>;
<<< "Resultado de x + 5:", resultado >>>;
```

Unidades de Tiempo

```
// Duración de 1 segundo
1::second => dur t;

// Imprimir mensaje inicial
<<< "Inicio del programa" >>>;

// Esperar 1 segundo
t => now;

// Imprimir mensaje después de la espera
<<< "1 segundo después" >>>;
```

Uso de UGens (Units Generators)

```
// Crear un generador de onda sinusoidal
SinOsc s => dac;

// Ajustar frecuencia a 440 Hz (La4)
440 => s.freq;

// Reproducir el sonido durante 2 segundos
2::second => now;
```

Eventos y Sincronización

```
// Crear un evento
Event syncEvent;

// Shred 1: Generar tono sinusoidal
funvoid shred1() {
SinOsc s => dac; // Asegúrate de que el tipo de oscilador sea SinOsc y esté
correctamente conectado al DAC
440 => s.freq;    // Establecer la frecuencia del oscilador a 440Hz (La frecuencia de
la nota "La")

// Esperar a que se active el evento
while (true) {
syncEvent => now;        // Esperar hasta recibir evento de sincronización
1 => s.gain;            // Activar el tono
0.5::second => now;      // Mantener el tono durante 0.5 segundos
0 => s.gain;            // Silenciar el tono
}
};

// Shred 2: Control del evento de sincronización
fun void shred2() {
while (true) {
2::second => now;        // Esperar 2 segundos antes de enviar el evento
syncEvent.signal();      // Enviar señal de evento para activar el tono en Shred 1
}
};
// Ejecución secuencial
shred1(); // Ejecutar el shred1
```

shred2(); // Ejecutar el shred2

Control de Flujo

```
// Crear un oscilador y conectarlo al DAC
SinOsc s => dac;

// Crear un arreglo de frecuencias de las notas (en Hz)
[440.0, 523.25, 587.33, 659.25, 698.46] @=> float notes[];

// Bucle para reproducir las notas
for (0 => int i; i < notes.size(); i++) {
notes[i] => s.freq;       // Asignar la frecuencia de la nota
0.5 => s.gain;            // Activar el tono con una ganancia de 0.5
500::ms => now;           // Esperar medio segundo antes de cambiar la nota
0 => s.gain;              // Silenciar el tono
200::ms => now;           // Esperar un poco antes de la siguiente nota
}
```


UGens con Frecuencia Aleatoria

```
// Crear un oscilador sinusoidal y conectarlo al DAC
SinOsc s => dac;

// Frecuencia inicial
440 => s.freq;

// Bucle para modificar la frecuencia en tiempo real
while (true) {
// Cambiar la frecuencia aleatoriamente dentro de un rango
440 + (100 * Math.random2f(-1.0, 1.0)) => s.freq;

// Esperar 0.1 segundos antes de cambiar la frecuencia nuevamente
0.1::second => now;
}
```

Uso de Objetos

```
// Crear un oscilador sinusoidal
SinOsc s => dac;

// Crear un objeto Gain para controlar la amplitud
Gain g => dac;

// Conectar el oscilador al objeto Gain
s => g;

// Establecer la frecuencia del oscilador
440 => s.freq;

// Controlar la ganancia del sonido
0.5 => g.gain;  // Amplitud a la mitad

// Ejecutar un ciclo para mantener el sonido
1::second => now;
```


Interactividad y Control MIDI

```
// Crear un oscilador sinusoidal y conectarlo al DAC
SinOsc s => dac;

// Crear el objeto MidiIn y abrir el primer puerto disponible
MidiIn midiIn;
midiIn.open(0); // '0' es el puerto MIDI, puedes cambiar el número según tu
dispositivo

// Verificar si se abrió correctamente el puerto MIDI
if (midiIn.status() == MidiInStatus.Ok) {
<<< "MIDI puerto abierto correctamente" >>>;
} else {
<<< "Error al abrir el puerto MIDI" >>>;
}

// Bucle para recibir eventos MIDI
while (true) {
// Leer los eventos MIDI
midiIn.poll();
```

```
// Si se recibe un evento de "Note On"
if (midiIn.noteOn()) {
// Cambiar la frecuencia del oscilador según la nota recibida
midiIn.note() => s.freq;

// Activar el tono (ajustar la ganancia)
1 => s.gain;
}

// Si se recibe un evento de "Note Off"
if (midiIn.noteOff()) {
// Apagar el tono
0 => s.gain;
}

// Esperar un breve tiempo para procesar el siguiente evento
0.01::second => now;
}
```

Patrón Rítmico

```
// Definición de la clase para el patrón rítmico
class RhythmPattern {
    int pattern[8];
    dur beatDur;

    fun void init(int p[], dur d) {
        p @=> pattern;
        d => beatDur;
    }
}

// Crear patrón básico
RhythmPattern basic;
[1,0,1,0,1,0,1,0] @=> int basicPattern[];
250::ms => dur quarterNote;
basic.init(basicPattern, quarterNote);
```

```
// Reproducir patrón
while(true) {
    for(0 => int i; i < basic.pattern.cap(); i++) {
        if(basic.pattern[i]) {
            playBeat();
        }
        basic.beatDur => now;
    }
}
```

Ritmo Básico con Oscilador Sinusoidal

```
SinOsc s => dac;     // Crear un oscilador (sine wave) y conectarlo al DAC
440 => s.freq;       // Establecer la frecuencia (nota)
0.5 => s.gain;       // Establecer la ganancia (volumen) del oscilador
250::ms => now;      // Duración de un golpe (250 milisegundos)
```

Patrón rítmico con golpes

```
SinOsc s1 => dac;
440 => s1.freq;
0.5 => s1.gain;
250::ms => now;  // Golpe 1

SinOsc s2 => dac;
350 => s2.freq;  // Diferente frecuencia para variedad
0.6 => s2.gain;
500::ms => now;  // Golpe 2
```

Patrón Rítmico con Variación

```
SinOsc s1 => dac;
440 => s1.freq;     // Primer tono
0.5 => s1.gain;     // Amplitud
250::ms => now;     // Duración del primer golpe

SinOsc s2 => dac;
```

```
550 => s2.freq;      // Segundo tono (frecuencia diferente)
0.6 => s2.gain;      // Amplitud
400::ms => now;      // Duración más larga

SinOsc s3 => dac;
660 => s3.freq;      // Tercer tono (más alto)
0.4 => s3.gain;      // Amplitud
150::ms => now;      // Golpe corto
```

Patrón Rítmico Complejo con Más Variaciones

```
SinOsc s1 => dac;
440 => s1.freq;
0.6 => s1.gain;
300::ms => now;  // Golpe 1

SinOsc s2 => dac;
550 => s2.freq;
0.7 => s2.gain;
500::ms => now;  // Golpe 2

SinOsc s3 => dac;
660 => s3.freq;
0.5 => s3.gain;
200::ms => now;  // Golpe 3

SinOsc s4 => dac;
370 => s4.freq;
0.8 => s4.gain;
400::ms => now;  // Golpe 4
```

Uso de Noise Básico

```
// Crear un generador de ruido blanco
Noise wn;
wn => dac; // Conectar el generador de ruido a la salida de audio

// Ajustar el volumen del ruido
```

```chuck
wn.gain(0.8);

// Duración del sonido (10 milisegundos)
10::ms => now;
```

Uso de Noise para Percusión Más Agresiva

```chuck
// Crear generador de ruido blanco
Noise wn1;
wn1 => dac;  // Conectar al DAC
wn1.gain(0.7);
50::ms => now;  // Golpe rápido de ruido blanco

// Crear generador de ruido rosa
Noise pn2;
pn2 => dac;  // Conectar al DAC
pn2.gain(0.9);
150::ms => now;  // Golpe más largo de ruido rosa
```

Noise para Percusión Más Rugosa

```chuck
// Golpe fuerte y largo de ruido blanco
Noise wn1;
wn1 => dac;  // Conectar al DAC
wn1.gain(0.9);
250::ms => now;  // Golpe largo de ruido blanco

// Golpe rápido y suave de ruido rosa
Noise pn2;
pn2 => dac;  // Conectar al DAC
pn2.gain(0.5);
100::ms => now;  // Golpe rápido de ruido rosa
```

Ritmo con Modulación de Frecuencia

```chuck
SinOsc s => dac;
```

```chuck
440 => s.freq;
0.5 => s.gain;

1::second => now;
880 => s.freq;  // Cambio de frecuencia después de 1 segundo
```

Creación de Efecto

```chuck
// fuente de señal
SndBuf signal => dac;

// señal retrasada
signal => DelayL delay => dac;

// cargar sonido
"special:dope" => signal.read;

// aleatorizar el retraso
Math.random2f(100, 400)$int => int delayMs;

// configurar el retraso
delayMs::ms => delay.max => delay.delay;

// configurar ganancia
0.8 => signal.gain;

// configurar análisis
signal => Flip f1 =^ XCorr xcorr => blackhole;
delay => Flip f2 =^ xcorr;
(second/samp)$int => int srate;

// se ajustará al siguiente número de potencia de dos para la transformación
// de Fourier real
signal.samples() + delayMs*srate/1000 => float size;

// tamaños de FFT
size$int => f1.size => f2.size;

// esperar
```

```
signal.samples()::samp + delayMs::ms => now;

// ¡analizar!
xcorr.upchuck();

// iterar
0 => int maxI;
for (0 => int i; i < size; i++)
{
// buscar el máximo
if (xcorr.fval(i) >= xcorr.fval(maxI)) {
i => maxI;
}
}
```

Uso de Efectos con Osciladores

```
// el parche
SinOsc drive => Gen17 g17 => dac;

// cargar los coeficientes
[1., 0.5, 0.25, 0.125, 0.06, 0.03, 0.015] => g17.coefs;

// hacer que sea más suave (menos volumen)
0.1 => g17.gain;

// establecer la frecuencia para leer a través de la tabla
drive.freq( 440 );
// suena mejor sin ir a los extremos
drive.gain( 0.99 );

// crear una envolvente para recorrer los valores de la tabla
// para que podamos verlos y escucharlos
Envelope e => blackhole;
e.duration( 10000::ms );
0. => e.value;
e.keyOn();

// bucle
```

```
while (true)
{
// imprimir
<<< e.value(), g17.lookup(e.value()) >>>;

// detener cuando la envolvente alcance 1
if( e.value() == 1. ) break;

// avanzar en el tiempo
10::ms => now;
}
```

Creación de Ritmos con Múltiples Sonidos

```
// Capa 1: Bajo (osc. sinusoidal)
SinOsc bass => dac;
bass.freq( 110 );  // Frecuencia del bajo
0.5 => bass.gain;  // Ganancia del bajo

// Capa 2: Percusión (osc. cuadrada)
SawOsc osc => dac;
osc.freq( 440 );  // Frecuencia de la percusión
0.8 => osc.gain;  // Ganancia de la percusión

// Capa 3: Ruido (para efectos agresivos)
Noise noise => dac;
0.3 => noise.gain;  // Ganancia del ruido

// Duración del ritmo
4::second => now;
```

Automatización y Control en Tiempo Real

```
// Oscilador para crear un sonido base
SinOsc osc => dac;
osc.freq(440);  // Frecuencia inicial
osc.gain(0.5);  // Ganancia inicial
```

```
// Variable de control para la frecuencia
0.5 => float freqControl;
// Loop para automatización
while (true) {
// Modificar la frecuencia de manera dinámica
freqControl => osc.freq;

// Aumentar la frecuencia gradualmente
freqControl + 10 => freqControl;

// Controlar el gain dinámicamente
osc.gain( Math.random2f(0.2, 1.0) );  // Ganancia aleatoria entre 0.2 y 1.0

// Avanzar en el tiempo
100::ms => now;
}
```

Uso de Shreds en Paralelo

```
// Crear un oscilador de seno
SinOsc osc => dac;

// Configurar la frecuencia y la ganancia
osc.freq(440);  // 440 Hz (La estándar)
osc.gain(0.5);  // Amplitud del sonido

// Función para tocar una nota
fun void playNote(float duration) {
duration::second => now;  // Reproduce la nota durante el tiempo especificado
}

// Tocar varias notas con pausas entre ellas
spork ~ playNote(0.5);  // Toca una nota durante 0.5 segundos
1::second => now;  // Pausa de 1 segundo

spork ~ playNote(1.0);  // Toca una nota durante 1 segundo
1::second => now;  // Pausa de 1 segundo

spork ~ playNote(0.75);  // Toca una nota durante 0.75 segundos
1::second => now;  // Pausa de 1 segundo
```

Manipulación de Tiempo Dinámicamente

```
// Manipulación de Tiempo en ChucK
// Crear secuencias temporales y ritmos

// Definir un pulso básico
1::second => dur beat;

// Crear un patrón rítmico
while (true) {
// Reproducir sonido
SinOsc s => dac;
220.0 => s.freq;
0.5 => s.gain;
beat => now;

// Modificar tiempo dinámicamente
beat * 1.5 => beat; // Acelerar/desacelerar
}
```

Modulación de Sonido

```
// Modulación de Sonido en ChucK
// Crear sonidos complejos y dinámicos

// Generar señal portadora
SinOsc carrier => dac;
440.0 => carrier.freq;

// Generar señal moduladora
SinOsc modulator => blackhole;
5.0 => modulator.freq; // Frecuencia de modulación
100.0 -> modulator.gain; // Profundidad de modulación

// Modulación en tiempo real
while (true) {
// Modular la frecuencia del carrier
carrier.freq() +
modulator.last() * 50.0 => carrier.freq;
```

```
// Avanzar tiempo
1::ms => now;
}
```

Pausa Temporal

```
500::ms => now;// Esperar medio segundo

Uso de Bucles para Patrones Musicales
SinOsc s => dac;
[440,494,523] @=> int freqs[];
for(0 => int i; i < freqs.size(); i++)
{
freqs[i] => s.freq;
500::ms => now;
}
```

Sintetizador Personalizado

```
SinOsc osc => LPF filt => JCRev rev => dac;
SinOsc modulator => blackhole;

440 => osc.freq;// Frecuencia inicial del oscilador
0.5 => osc.gain;// Ganancia inicial
500 => filt.freq;// Frecuencia de corte del filtro
0.7 => rev.mix;// Mezcla de reverberación

// Configuración del modulador
modulator.freq(0.1);   // Frecuencia lenta del modulador
modulator.gain(100);   // Ganancia del modulador
while(true){
// Modula la frecuencia del oscilador y la ganancia del filtro
osc.freq(modulator.last() * 20 + 440);// Modulación de la frecuencia del oscilador
filt.freq(modulator.last() * 200 + 500);// Modulación de la frecuencia de corte del
filtro

// Modulación del tiempo de reverberación y la ganancia
rev.mix(Math.random2f(0.6,0.9));// Modificación dinámica de la reverberación
```

```
10::ms => now;
}
```

Sintetizador de Melodías Armónicas

```
SinOsc osc1 => dac;
SinOsc osc2 => dac;
SinOsc osc3 => dac;

440 => osc1.freq;          // Frecuencia inicial
330 => osc2.freq;
220 => osc3.freq;
0.3 => osc1.gain;
0.3 => osc2.gain;
0.2 => osc3.gain;

while(true) {
osc1.freq(Math.random2(200,600)); // Frecuencia aleatoria para osc1
osc2.freq(Math.random2(100,400)); // Frecuencia aleatoria para osc2
osc3.freq(Math.random2(50,300)); // Frecuencia aleatoria para osc3

200::ms => now; // Espera para generar la melodía
}
```

Grabar Audio

```
dac => WvOut w => blackhole;
"output.wav" => w.wavFilename;
5::second => now;
```

Reproducir Audio

```
WvIn in => dac;
"output.wav" => in.read;
10::second => now;
```

Uso de Dispositivos MIDI para Interacción en Tiempo Real

```
MidiIn min;
```

```chuck
min.open("Teclado MIDI");
while(true) {
min.recv(msg);
<<< msg.data2() >>>; // Velocidad de pulsación
}
```

Composición Algorítmica

```chuck
SinOsc s => dac;
while(true) {
Math.random2f(200,800) => s.freq;
Math.random2f(0.2,1.0) => s.gain;
(100 + Math.random2(0,400))::ms => now;
}
```

Composición Compleja

```chuck
SawOsc osc1 => LPF filt => JCRev rev => dac;
SinOsc osc2 => HPF filt2 => rev;

440 => osc1.freq;
220 => osc2.freq;
0.5 => osc1.gain;
0.3 => osc2.gain;

800 => filt.freq; // Filtro paso bajo
500 => filt2.freq; // Filtro paso alto
0.7 => rev.mix; //Reverberación

while(true) {
osc1.freq(Math.random2(200,800));
osc2.freq(Math.random2(100,400));
300::ms => now;
}
```

Modulación de Amplitud y Frecuencia

```chuck
SinOsc carrier => LPF filt => dac; // Portadora con filtro
```

```chuck
SinOsc modulator => blackhole; // Modulador

220 => carrier.freq; // Frecuencia de la portadora
4 => modulator.freq; // Frecuencia del modulador (lento para AM)
0.5 => carrier.gain;

while(true) {
modulator.last() * 100 + 200 => filt.freq; // Modula frecuencia del filtro
10::ms => now; // Actualización rápida
}
```

Osciladores Modulados con Eco

```chuck
SawOsc osc => Delay delay => dac; // Conectar oscilador a eco
500 => osc.freq; // Frecuencia
0.5 => osc.gain; // Amplitud

200::ms => delay.delay; // Retardo del eco
0.4 => delay.gain; // Intensidad del eco

while(true) {
Math.random2(300,800) => osc.freq; // Modificar frecuencia aleatoriamente
300::ms => now; // Actualización periódica
}
```

Combinación de Múltiples Osciladores con Reverberación

```chuck
SinOsc osc1 => JCRev rev => dac;
SawOsc osc2 => rev;

440 => osc1.freq; // Frecuencia del primer oscilador
330 => osc2.freq; // Frecuencia del segundo oscilador
0.4 => osc1.gain;
0.4 => osc2.gain;

0.8 => rev.mix; // Intensidad de la reverberación

// Reproducir durante 5 segundos
5::second => now;
```

Arpegiador Dinámico Interactivo

```chuck
// Importar teclado para interactividad
KBHit kb;

// Oscilador principal y salida
SinOsc osc => dac;
1 => osc.gain;

// Array de frecuencias para el acorde (notas en Hz)
[440,554.37,659.25] @=> int notes[];

// Variable para el índice de la nota
0 => int index;

// Función para reproducir notas en bucle
fun void arpeggiate(){
while(true){
// Cambiar frecuencia del oscilador
notes[index] => osc.freq;
// Cambiar al siguiente índice
(index + 1) % notes.size() => index;
// Esperar 200 ms
200::ms => now;
}
}

// Función para interacción con el teclado
fun void interact() {
while(true) {
if(kb.more() ){ // Verificar si hay entrada de teclado
kb.getchar() => int key; // Obtener la tecla
// Cambiar el acorde según la tecla presionada
if(key == '1')[440,554.37,659.25] @=> notes;// Acorde 1
else if(key == '2')[330,440,523.25] @=> notes;// Acorde 2
}
50::ms => now;// Pausa para verificar entradas
}
}
```

// Ejecutar ambas funciones en paralelo
spork ~ arpeggiate();
spork ~ interact();

// Mantener el programa active
while(true)1::second => now;

Melodía Simple

// Configuración inicial
SinOsc osc => LPF filter => dac; // Oscilador conectado a un filtro
440 => filter.freq; // Filtro pasa-bajas en 440 Hz
0.5 => filter.gain; // Ganancia del filtro
0.3 => osc.gain; // Volumen del oscilador

// Notas de la melodía en Hz (Do Mayor)
[261.63,293.66,329.63,349.23,392.00,440.00,493.88,523.25] @=> floatmelody[];

// Duraciones para cada nota
[500::ms,500::ms,500::ms,500::ms,500::ms,500::ms,500::ms,1000::ms] @=> durdurations[];

// Reproducir la melodía
for(0 => int i; i < melody.size(); i++){
melody[i] => osc.freq; // Asignar frecuencia de la nota al oscilador
durations[i] => now;// Esperar la duración correspondiente
}

Controlar Volumen con el Teclado

// Configuración básica
SinOsc osc => dac; // Oscilador conectado a la salida
440 => osc.freq; // Frecuencia inicial (A4)
0.5 => osc.gain; // Volumen inicial

// Teclado para entrada
KBHit kb;

```
// Bucle para interacción
while(true) {
if(kb.more()){ // Verifica si hay entrada del teclado
kb.getchar() => int key; // Captura la tecla
if(key == '+') osc.gain(osc.gain() + 0.1); // Incrementa el volumen
elseif(key == '-') osc.gain(osc.gain() - 0.1); // Reduce el volumen
}
100::ms => now; // Pausa para evitar sobrecarga
}
```

Uso de Efectos

```
// Configuración básica
SinOsc osc => Gain dist => JCRev rev => Delay delay => dac;

// Frecuencia y volumen del oscilador
440 => osc.freq;
0.3 => osc.gain;

// Configuración de efectos
0.8 => dist.gain; // Nivel de distorsión
0.7 => rev.mix; // Mezcla de reverberación
500::ms => delay.delay; // Tiempo del eco
0.5 => delay.gain; // Intensidad del eco

// Duración del sonido
2::second => now;
```

Crear Dos Osciladores Independientes

```
// Función para un oscilador
fun void playOscillator(float freq,dur duration){
SinOsc osc => dac; // Conectar oscilador al DAC
freq => osc.freq; // Configurar frecuencia
0.3 => osc.gain; // Configurar volumen
duration => now; // Duración del sonido
}
```

```
// Spork para paralelismo
spork ~ playOscillator(440,2::second); // Oscilador 1 (La4, 2 segundos)
spork ~ playOscillator(494,3::second); // Oscilador 2 (Si4, 3 segundos)

// Mantener la ejecución
4::second => now;
```

Exportación de Audio

```
// Función para el oscilador
fun void playOscillator(float freq,dur duration) {
SinOsc osc => dac; // Oscilador conectado a la salida DAC
freq => osc.freq; // Configurar frecuencia
0.3 => osc.gain; // Configurar volumen
duration => now; // Duración del sonido
}

// Configuración para la grabación
FileWav f => dac; // Generador de archivo WAV conectado a la salida DAC
spork ~ playOscillator(440,2::second); // Oscilador 1 (A4, 2 segundos)
spork ~ playOscillator(494,3::second); // Oscilador 2 (B4, 3 segundos)

// Iniciar la grabación cuando termine
f.start("output.wav");
```

Referencias

- Kapur, A., Wang, G., Cook, P. R., Salazar, S., & Trueman, D. (2015). *Programming for Musicians and Digital Artists: Creating Music with ChucK*. Manning Publications.
- Wang, G. (2019). *The ChucK Audio Programming Language: A Strongly-Timed Approach to Computer Music*. MIT Press.
- Misra, S. (2011). *ChucK Programming: A Beginner's Guide*. Packt Publishing.
- Brown, A. R. (2014). *Making Music with ChucK*. CreateSpace Independent Publishing Platform.
- Sethi, I. (2013). *ChucK for Audio Musicians*. Apress.
- Manning, P. (2013). *Electronic and Computer Music* (4th ed.). Oxford University Press.
- Collins, N. (2010). *Introduction to Computer Music*. Wiley.
- Miranda, E. R., & Wanderley, M. M. (2006). *New Digital Musical Instruments: Control and Interaction Beyond the Keyboard*. A-R Editions.
- Puckette, M. (2007). *The Theory and Technique of Electronic Music*. World Scientific Publishing Company.
- Roads, C. (2001). *Microsound*. MIT Press.

More
Books!

info@omniscriptum.com
www.omniscriptum.com
OMNIScriptum

Printed by Books on Demand GmbH, Norderstedt / Germany